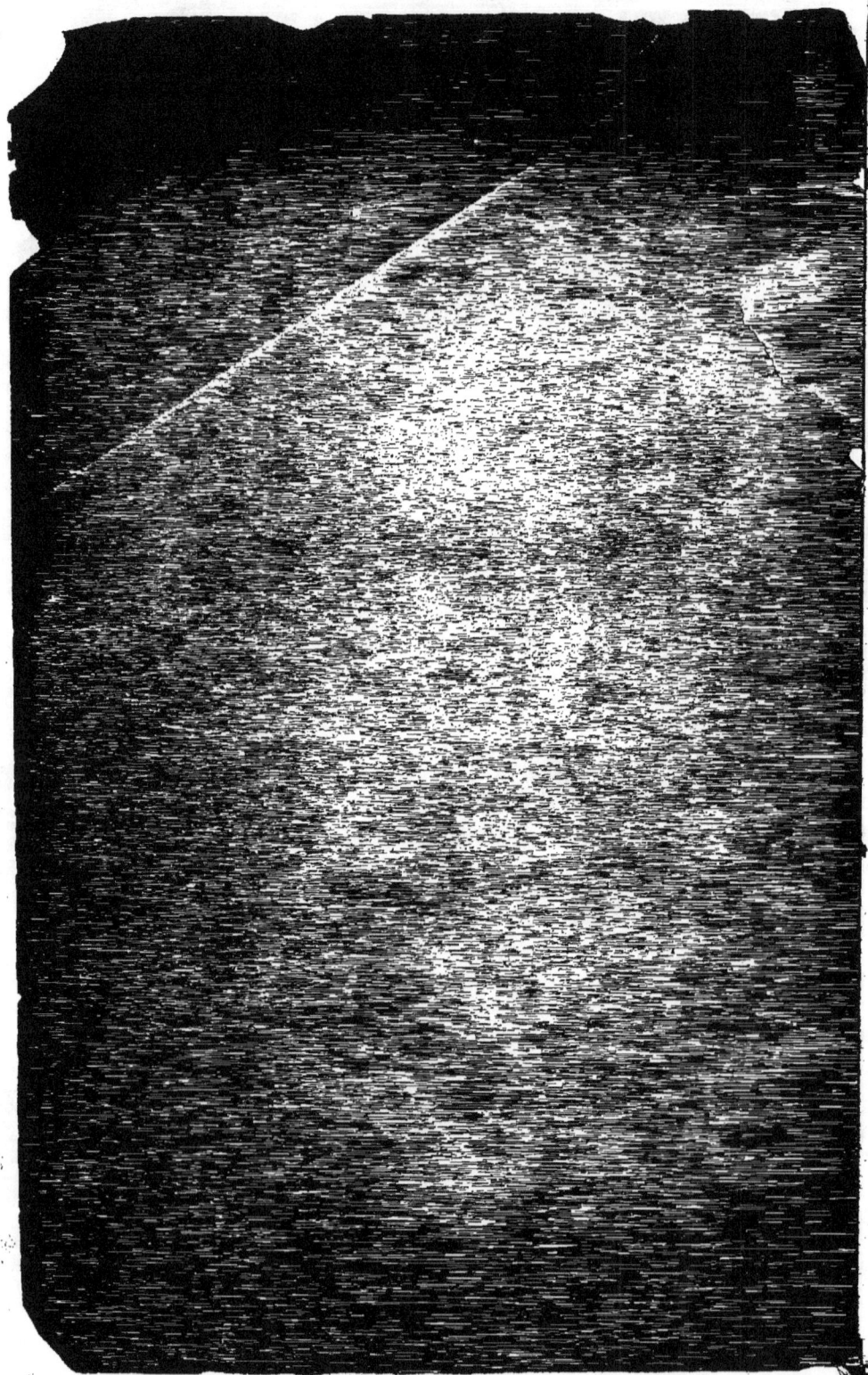

ANOMALIES PAR HYPERGENÈSE

DANS DIVERS VERTICILLES DE L'ÉRABLE SYCOMORE

ACER PSEUDOPLATANUS ;

Par M. Ch. MUSSET.

Extrait des Mémoires de l'Académie des Sciences, Inscriptions et
Belles-Lettres de Toulouse.

7ᵐᵉ SÉRIE, TOME VI, pages 10-23.

INTRODUCTION [1]

Dans la séance ordinaire de l'Académie, à la date du 5 mai 1869, je mis sous ses yeux plusieurs graines germées de l'érable sycomore. Sur une surface de quelques mètres carrés, j'avais pu en ramasser un assez grand nombre qui présentaient ce fait anormal d'avoir trois et quatre cotylédons distincts jusqu'à la base et égaux. Quelques-uns de ces arbuscules étaient garnis de verticilles foliaires à trois feuilles, et quelquefois, mais rarement, à quatre feuilles. Mon savant confrère, M. Clos, fit la juste remarque que la multiplication des cotylédons, quoique toujours rare, avait été cependant signalée dans quelques graines, entre autres celles du radis. Selon lui, l'intérêt de ma communication se concentrait sur la répétition de cette multiplication dans les premiers verticilles foliaires ; ce fait lui paraissait nouveau et digne d'être étudié [2].

J'apporte aujourd'hui sur ce sujet des faits plus nombreux

[1] Lu dans la séance du 18 décembre 1873.

Nous ferons remarquer la confusion que font certains botanistes entre l'érable sycomore (*Acer pseudoplatanus*) et l'érable platane (*Acer platanoides*), dont il n'est pas question dans ce Mémoire.

[2] *Mém. de l'Acad. des Scienc. de Toulouse*, 7e série, t. i, p. 359.

et plus instructifs, résultats de mes longues et patientes observations.

L'érable sycomore est, chez nous, le type de la petite famille des Acérinées ou Acéracées, voisine des Æsculacées et des Malpighiacées ; donnons-en la diagnose. Elle se compose de végétaux dicotylédonés, polypétales, hypogynes, à placentation axile, exalbuminés, à fleurs diplastémonées et à feuilles sans stipules et opposées (1). La fleur de l'érable sycomore se compose d'un calice monosépale, à cinq divisions profondes, d'une corolle de cinq pétales alternes, à estivation imbriquée, comme les sépales. Les étamines sont en nombre variable, généralement de huit. L'ovaire libre est didyme, comprimé, à deux loges ; les ovules sont géminés dans chaque loge, pendants et courbes (2). Le fruit est une double samare, indéhiscente, prolongée en aile d'un côté ; embryon homotrope, recourbé sur lui-même, à deux cotylédons foliacés, plissés irrégulièrement. L'inflorescence est un racème retombant. Les feuilles, sans stipules, sont palmées à cinq lobes, inégalement dentées (*foliis quinque lobis, inæqualiter serratis*), opposées en croix ou décussées (*cruciatim opposita seu decussata*). L'écorce a une teinte jaune rougeâtre, mais nettement rouge dans les pétioles.

Cette diagnose classique permettra de mieux saisir par la comparaison les différentes anomalies indiquées dans la description suivante.

DESCRIPTION DES ANOMALIES.

Signalons d'abord, et pour ce qu'il vaut, le fait de la variabilité en nombre des étamines. Le plus ordinairement on en compte huit ; mais les oscillations autour de cette quantité sont assez fréquentes. Il en est de même pour le sexe des fleurs, qui, le plus souvent hermaphrodites, sont quelquefois unisexuées

(1) Voir planche II, fig. I.
(2) Voir pl. I, fig. I et II.

en faveur soit de l'androcée, soit du gynécée. On peut donc les citer comme un bon exemple de polygamie. Ces petites anomalies n'ont évidemment de valeur que parce qu'elles s'ajoutent à d'autres plus graves. Le gynécée, en effet, se compose assez souvent de trois et quatre carpelles qui donneront plus tard, à leur maturité, trois ou quatre fruits, à structure identique (1). L'observation des cotylédons montre que si la plupart sont normalement didymes, munis chacun d'une nervure médiane, flanquée des deux côtés de deux autres, dont la dernière, c'est-à-dire la marginale, est la moins accusée; il en est d'assez nombreux qui présentent tantôt une scissure plus ou moins profonde à l'extrémité de l'un d'eux et parfois à l'extrémité de chacun (2): seulement, la scissure sur les deux cotylédons en même temps est plus rare que sur un seul. Ce cas est environ six fois plus rare que le premier. Cette anomalie s'accentue sur d'autres sujets qui présentent, les uns trois cotylédons indépendants, les autres quatre (3).

L'examen anatomique prouve que, dans le cas de simple scissure, comme dans celui de distinction complète, les mêmes éléments composent chaque cotylédon. La scissure ne porte pas sur la nervure médiane ; elle ne fait que dissocier les bords voisins et opposés. C'est une disjonction d'organes précédemment soudés. Aussi, chaque partie d'un carpelle scindé, comme un cotylédon quelconque indivis, montre toujours les cinq nervures qui caractérisent les cotylédons normaux. Le microscope n'y révèle aucun vaisseau de plus ni de moins ; l'identité est absolue.

Cette multiplication des cotylédons n'a rien de nouveau, à proprement parler ; cependant toujours très-rare, du moins d'après les annales de la science, chez les végétaux étudiés à ce point de vue, elle appelle l'attention par sa fréquence chez l'érable sycomore. Dans ses *Eléments de tératologie végétale*, justement classiques, Moquin-Tandon cite comme exemples de monstruo-

(1) Voir pl. i, fig. 4, 5, 6, 7.
(2) Voir pl. i, fig. 8, 9, 11.
(3) Voir pl. i, fig. 10, 12.

sités par augmentation de nombre l'*Euphorbia helioscopia*, le *Lepidium sativum* et le *Sinapis ramosa* (1).

Il est vrai qu'il rapporte cette multiplication à une cause de soudure dite synophtie, et que nous discuterons plus loin. Nous ne citons ici que les faits rapportés comme curieux, en tant qu'ir-régularités, dans des espèces qui très-habituellement n'offrent que deux cotylédons ; car si nous entrions dans les détails que présente la pluralité des graines de conifères, nous serions obligé de traiter une question d'organographie, sans rapport immédiat avec notre sujet, ce qui nous conduirait à discuter là valeur des faits sur lesquels Richard avait cru pouvoir s'étayer pour rejeter la classification de Jussieu, et lui substituer cette classification éphémère des Endorhizes, des Exorhizes et des Synorhizes.

Le point important de notre travail, c'est la continuation de la multiplicité anormale des organes dans plusieurs séries de verticilles ; ainsi, nous avons vu trois et quatre pistils corres-pondant à trois et quatre ovaires, renfermant chacun deux ovu-les géminés (2) ; mais ce n'est pas là que s'arrête cette anomalie. Nous allons la retrouver, avec quelques variétés intéressantes, dans les verticilles foliaires.

Si quelques graines à trois et à quatre cotylédons ne nous ont montré que des feuilles opposées, d'autres, au contraire, nous ont offert des verticilles foliaires ternés et quaternés, parfois avec une régularité continue, d'autres fois interrompue ; ainsi, dans un semis, nous avons vu des jeunes pieds de deux ans, à verticilles ternés de bas en haut, d'autres, plus rares, quaternés, et un seul, que le hasard a placé sous nos yeux, présentant trois feuilles fasciculées au premier nœud foliaire, surmonté de deux séries de feuilles opposées, tous les autres verticilles, jusqu'au sommet de la tige, étant quaternés (3). Hâtons-nous de dire que l'immense majorité de ces jeunes plants n'avait que des feuil-les opposées (4). Mais, comme on peut le voir dans nos dessins,

(1) *Eléments de tératologie*, v. p. 259, 260.
(2) Voir pl. I, fig. 5, 7.
(3) Voir pl. II, fig. 2, 3, ; pl. III. fig. 2.
(4) Pl. II, fig. 1t.

pris sur nature , il n'y a pas deux feuilles dissemblables dans tous ces cas ; leurs cinq lobes avec leurs cinq nervures principales sont parfaitement égaux en largeur ; leurs pétioles sont également identiques , si ce n'est que ceux des feuilles ternées et quaternées , présentent quelquefois une rainure supérieure , courant de haut en bas du pétiole, sous la forme d'un petit canalicule , que nous n'avons pas représenté , à cause de son peu de fréquence.

Jusqu'à présent, toutes les anomalies signalées l'ont été, soit sur la fleur, soit sur la graine, soit sur de jeunes plants, provenant de semis, mais voici un dernier fait, entièrement semblable quant à la multiplication des feuilles, et que nous avons observé sur un érable sycomore de sept ans. Cet arbre attaqué dans sa moelle par une larve de cigale, avait subi un étêtement à une hauteur du sol de deux décimètres. Au-dessous de la section poussaient plusieurs bourgeons adventifs, vigoureux dont les uns étaient à verticilles quaternés, et dont les autres n'avaient que des branches à feuilles opposées ; c'est ce que représente la fig. 1 de la pl. III (1).

Nous pourrions citer un plus grand nombre de faits, mais ceux que nous avons consignés dans ce Mémoire, se rapportent à des verticilles assez variés pour qu'il nous soit permis de ne pas surcharger inutilement cette partie descriptive. Nous ferons remarquer seulement, que les cas de multiplication, sont d'autant plus rares, qu'elle est elle-même plus grande.

Quoi qu'il en soit, l'aspect d'une jeune tige à verticille de trois et de quatre feuilles, alternant régulièrement entre elles , de verticilles en verticilles, et provenant d'une graine à trois ou quatre cotylédons, sortis d'une triple ou quadruple samare, constitue un fait digne de l'attention d'un physiologiste, et c'est à ce titre, que nous nous sommes cru obligé d'en publier la connaissance.

(1) Voir pl. III , fig. 1.

CRITIQUE.

Nous venons d'exposer les divers phénomènes tératologiques que l'observation directe nous a montrés dans les divers organes de l'érable sycomore et aux diverses phases de sa vie : il nous reste à en chercher l'explication scientifique. C'est ici que commence la partie la plus intéressante, mais certainement la plus difficile de notre travail, car s'il est possible à tout le monde de bien observer, il ne l'est pas de bien comprendre.

Trois hypothèses, et rien que trois à notre avis, se présentent pour donner la raison des faits dont il est question dans ce Mémoire. Après les avoir énumérées, nous chercherons laquelle peut le mieux expliquer ces anomalies. Il s'agit ici d'une augmentation numérique, des organes de plusieurs verticilles que nous trouvons échelonnés sur la même espèce végétale, depuis la graine jusques à la fleur, en passant par les feuilles. Or, comme nous le disons, trois solutions parmi toutes celles qui sont connues et adoptées par la science, peuvent seules être invoquées.

1° La première, c'est l'hypothèse d'une monstruosité par soudure complète ou incomplète de deux individus similaires. Les cas qui ressortissent à cette hypothèse, ne sont pas rares, et on les a depuis longtemps constatés, soit pour les embryons, soit pour les bourgeons, entre les feuilles d'un même verticille, ou même entre celles de deux verticilles voisins, et les annales de botanique, comme les annales de zoologie, rapportent un grand nombre de soudures qui s'étendent jusqu'à l'union de deux êtres primitivement distincts, unis plus tard par des causes naturelles ou artificielles. C'est ainsi que l'on voit des étamines, des sépales, des pétales, des feuilles, des branches et des tiges, comme l'atteste le chêne fameux des Ardennes, dont M. Legrand, professeur à la Faculté des sciences de Montpellier, a fait connaître les différentes dimensions, et qui est connu sous le nom d'arbre des Quatre fils d'Aymon. Cette monstruosité est appelée synophties dans le langage tératologique, de synanthie ou syncarpie, selon que la soudure a pour objet, les bourgeons, les fleurs, ou les fruits ; c'est du moins sous ces noms, qui laissent, en dehors les soudures des branches et des tiges, que Moquin-Tandon, désigne dans son ouvrage classique de tératologie végétale, les soudures variables en intensités, entre les bourgeons, les fleurs et les fruits. Au premier abord, on pourrait être étonné, de nous voir signaler cette hypothèse, puisque la soudure a pour effet immédiat de diminuer, au lieu d'augmenter le nombre des organes similaires, tandis que pour le cas présent, c'est l'inverse que nous constatons. Mais comme il faut tenir compte de toute les données pour résoudre un problème, nous avons cru devoir en parler, à cause des ovules géminés, que renferme chaque carpelle d'érable sycomore. Plus loin, nous développerons cette idée.

2° La deuxième hypothèse à laquelle on puisse s'adresser, est précisément l'opposé de la première. Si deux ou plusieurs organes, simples ou composés, peuvent se souder, il est logique d'admettre qu'un organe simple, un individu végétal, puisse se bifurquer, se diviser, disjoindre ses tissus intégrants. Ce fait très-connu en embryogénie animale et dont nous avons été pour notre part si souvent témoin, dans nos observations sur la reproduction des infusoires, n'est pas moins bien constaté en botanique. Combien de faits ne sont-ils pas signalés sur la disjonction des anthères, des feuilles, etc ? D'ailleurs, la ramification quelque complexe qu'elle soit, peut-elle rationellement s'expliquer d'une autre manière ? Ce serait donner à notre Mémoire, une extension inutile, pour le moins superflue, que de rapporter ici les exemples nombreux, et depuis longtemps publiés, afférents ; tant aux phénomènes dûs à la soudure, qu'à ceux qui s'expliquent par la scissure ou disjonction des organes.

3° La troisième et dernière hypothèse admise dans la science, et à laquelle nous croyons pouvoir, plus sérieusement qu'aux deux autres, demander la cause des diverses anomalies relatées plus haut, c'est la multiplication des organes appelée dédoublement par Moquin-Tandon, et chérie par Dunal, son ami et illustre maître.

Nous allons insister sur cette question :

« Il faut bien distinguer, dit Moquin-Tandon, à la page 338
» de ses *Éléments de Tératologie*, les chorises, des disjonctions
» avec lesquelles on les a confondues jusqu'à présent : je veux
» parler des disjonctions qui divisent les organes. Si, à la place
» d'un pétale ou d'une étamine, une fleur produit deux étamines
» ou deux pétales, ou un faisceau de ces organes, il y aura une
» vraie chorise, du pétale primitif ou de l'étamine primitive ;
» mais qu'une feuille isolée présente par accident son limbe par-
» tagé en deux ou plusieurs parties, il n'y aura pas multiplica-
» tion ou chorise, mais une véritable disjonction. Pour que la
» multiplication existât, il faudrait que chaque partie de la
» feuille divisée fût organisée de son côté, comme la feuille
» primitive, qu'elle eût sa forme, ses nervures, et jusqu'à
» un certain point, sa taille.

» C'est ainsi, que dans les exemples de polydactylie, il y a
» tantôt simple division d'un de ces organes, et tantôt produc-
» tion d'un doigt réellement nouveau. »

Nous ne croyons pas que le mot chorise rende complétement
compte du phénomène dont il est question. D'abord, il ne ressort pas clairement du passage que nous venons de citer, que
Dunal et Moquin-Tandon aient réellement voulu parler d'une
formation propre, d'organes nouveaux, car le mot chorise,
signifie division, et division d'un organe composé. Or, c'est bien
là ce que veut dire cette phrase citée plus haut : « Si, à la place
d'un pétale, une fleur produit deux pétales, il y aura une vraie
chorise, du pétale primitif ; » et plus loin, à la page 339, on lit
cette phrase, qui montre bien que leur croyance à la division
par chorise d'un organe primitivement simple, est au fond de
leur pensée : « La disjonction serait donc, dit Moquin-Tandon,
quelquefois un premier degré de la chorise, comme l'atrophie
est un premier degré de l'avortement. » Quant à nous, nous
croyons qu'il peut y avoir augmentation par division, disjonction ou chorise, comme on voudra l'appeler, mais qu'il y a
aussi une augmentation du nombre des organes, indépendante
de toute division d'un organe simple ; c'est une formation propre, *per se*, qui n'a rien emprunté aux organes voisins et simi-

laires, restés entiers sans un élément en plus ni en moins. Dans ce cas, il y a eu dans les tissus d'où ces organes nouveaux et adventifs sont sortis, une augmentation de cellules formées par une accumulation surabondante de protoplasma. Le mot chorise est impropre à signifier ce phénomène de nutrition par excès, et celui d'hypertrophie conviendrait mieux s'il ne s'appliquait déjà à l'excès de développement d'un seul et unique organe. Mais il nous paraît certain que la naissance de ces organes nouveaux et complets, est due à une hypertrophie des cellules mères. Le terme de prolification serait peut-être le meilleur de tous, mais il est employé dans un sens propre, qui ne peut pas être étendu sans danger de confusion. Linné dans sa *Philosophie botanique*, page 123, en traitant de la cause principale de la prolification, nous semble l'avoir aperçue, lorsqu'il dit : *Proliferi flores fiunt ex ea causa plenitudinis aucta.* Oui, c'est bien là la cause qui nous paraît la plus prochaine, des divers phénomènes, d'augmentation et de multiplication des organes pour le cas qui nous occupe. Un terme général s'appliquant à tous, manque à la science ; s'il nous était permis d'en proposer un, nous choisirions le mot significatif, et depuis quelque temps employé par les anatomistes de la nouvelle école, hypergenèse. Car c'est bien en réalité à un excès d'éléments anatomiques dans un tissu que nous avons à demander la solution du problème proposé. Nous savons que ces idées ne sont point admises par tous les naturalistes, surtout parmi ceux qui, par sentiment plus que par raison, dénient à un tissu nouveau la possibilité d'être né, sans avoir en rien l'aspect des éléments quelconques, au milieu desquels il s'est formé ; mais cette spontéparité est trop évidente à nos yeux pour nous faire avoir le moindre doute à cet égard. Tout, en effet, vient de la cellule, elle est à elle seule, un être vivant, auquel rien ne manque, possédant virtuellement tous les éléments capables par leur transformation, de produire sous le bénéfice de la nutrition les divers tissus anatomiquement supérieurs.

La feuille sort de la tige, celle-ci de la tigelle de l'embryon, et ce dernier est né d'un certain nombre de cellules, qui sont toutes sorties d'une cellule unique, qui est la cause première de tous ces effets, la mère de cette longue suite de générations. Ainsi, il suffit qu'une nouvelle cellule soit formée sur un point quelconque du végétal, pour qu'il puisse sortir d'elle des organes surnuméraires et évidemment semblables aux organes voisins qui reconnaissent une origine identique.

L'immortel naturaliste suédois, en étudiant la fleur monstrueuse de la Linaire, munie de cinq étamines, et d'une corolle à cinq lobes et à cinq éperons égaux entre eux, crut avoir trouvé une plante nouvelle; il rejeta l'idée d'hybridité émise par Adamson, Jussieu et d'abord par lui-même, finit par donner à cette fleur, qu'il crut appartenir à une linaire nouvelle, le nom de Peloria du mot grec πελορ qui signifie prodige. Mais les savants de nos jours, pénétrant le sens de cette anomalie, la considèrent philosophiquement comme un retour accidentel au type régulier et une fleur pélorisée, ne serait dans ce cas qu'une fleur régularisée. Les annales de la science citent un certain nombre de pélories, principalement dans les genres *calceolaria, teucrium, mentha, lamium, impatiens, balsamina, viola, orchis,* ainsi que l'a remarquée aux environs de Toulouse, mon confrère M. Noulet, sur l'*Orchis simia,* etc. Mais dans ce retour au type régulier, les parties d'un verticille sont le plus souvent affectées de diminutions dans les unes et d'augmentation dans les autres, la couleur présente des variations partielles; on constate aussi de légers changements dans la texture. Disons enfin, que si une fleur irrégularisée se régularise, il arrive quoique moins fréquemment qu'une fleur régulière s'irrégularise. C'est ce qu'exprime cette phrase latine de Rœper, dans son *Traité des Balsamines « Multo frequentius, occurit reditus ad symmetriam abnormis quam aberrationes abnormis ab eadem symmetria.* Il y a donc dans la pélorie une formation indépendante des organes voisins, tantôt d'un pétale, tantôt d'une étamine.

Jusqu'ici, c'est en effet dans la fleur que ce phénomène a été le plus souvent constaté; cependant le gynécée en a offert quelques exemples, entre autres un cas identique à celui que nous avons signalé pour l'ovaire de l'érable sycomore. On a cité, en effet, des érables et des ombellifères munis de trois carpelles. Ce fait particulier de notre Mémoire, n'a donc rien de nouveau;

seulement, il nous est difficile de comprendre pourquoi on verrait dans la présence de ce troisième carpelle un retour au type régulier.

Car la petite famille de Acéracées se rapproche des Malpighiacées et des Æsculacées dont l'ovaire des premières est bien composé de trois carpelles mono-ovulés et l'ovaire des secondes (des Æsculacées), est aussi à trois loges biovulées, mais la présence de trois carpelles dans le fruit de l'érable sycomore n'est pas suffisant pour justifier l'idée d'un retour au type naturel. Le nombre de quatre ovaires, c'est-à-dire d'une double samare, serait la preuve que ce retour au type aurait été dépassé, et de plus, il ne nous est nullement démontré que le nombre trois soit plus régulier que le nombre deux pour ces trois familles.

Revenons à la chorise, elle peut affecter tous les verticilles, ainsi l'étalement de deux feuilles ou de plusieurs à la place d'une seule n'est pas rare, et c'est ce que l'on a appelé la Phyllomanie. Cet accident a toujours été expliqué par la fertilité du terrain, la quantité de l'eau et la qualité des engrais. Les trèfles à quatre feuilles, même à cinq et jusqu'à sept, sont connus depuis longtemps, et le *trifolium repens* est presque célèbre à cet égard. Les lilas, les tilleuls, les lauriers-roses ont également présenté aux yeux des observateurs, des feuilles surnuméraires. Nous pourrions citer ici un grand nombre d'exemples dûs à nos observations personnelles; si nous ne le faisons point, c'est parce que nous les jugeons superflues. Mais ce qui nous paraît nouveau et digne d'attention, c'est de trouver dans la même espèce, tantôt sur des pieds différents, tantôt sur le même pied les diverses disjonctions, chorises ou multiplications, qui sont éparses dans le règne végétal; telle plante présente une feuille surnuméraire, telle autre, un cotylédon en plus; ici, c'est la Linaire qui a cinq étamines et cinq pétales; là, c'est le Haricot qui a deux ovaires; plus loin, c'est un trèfle à plus de trois feuilles, tandis que tous ces cas sont ici réunis et forment un faisceau de faits tératologiques dignes d'être mentionnés.

Voyons maintenant laquelle des trois hypothèses peut le mieux donner la raison de ces anomalies multiples.

Commençons par l'hypothèse de la soudure de deux embryons.

Expliquer par la soudure des deux embryons contenus dans chaque loge de l'ovaire d'un érable sycomore, les anomalies si nombreuses que nous signalons, serait assurément faire preuve d'absence de tout esprit sérieux et analytique. En effet, en outre que nous avons une augmentation d'organes dans chaque verticille, tandis que la soudure entraîne généralement leur diminution, il est impossible d'admettre que les deux ovules géminés se soient soudés en croix, de manière que deux se soient développés dans le cas de l'ovaire quadriloculaire, ou qu'un et demi aient seuls germé, dans le cas où l'ovaire n'a que trois carpelles. Mais cette hypothèse de la soudure de deux embryons dans leur totalité ou leur partie, à peine invocable quant au gynecée, est radicalement incapable d'expliquer les autres anomalies, entre autres des verticilles ternaires et quaternaires qui accidentent différentes branches, et même comme nos dessins l'indiquent, constituent des branches entières.

La deuxième hypothèse, celle de l'augmentation des organes par disjonction, peut, pour certains cas, avoir sa raison d'être, surtout en ce qui concerne les cotylédons. Comme nous l'avons indiqué plus haut, certains cotylédons présentent en réalité une scissure médiane plus ou moins profonde, et dès le début de nos observations, cette explication nous avait suffi pour donner la raison de la multiplication des cotylédons. Mais nos observations ultérieures, en nous montrant trois et quatre cotylédons distincts jusqu'à leur base, chacun composé des mêmes éléments anatomiques, en égal nombre et identiquement placés, nous ont forcément fait abandonner l'hypothèse du dédoublement des organes : d'autant plus, que les deux branches qui ont poussé sur le tronc coupé d'un érable en expérience, et dont l'une est accidentée de verticilles ternaires, l'autre, quaternaires avec des feuilles absolument semblables, excluaient toute idée possible de scissure ou disjonction. Il faudrait admettre, d'après ce que montrent nos dessins pris sur nature, qu'en un point de la tige, les faisceaux fibro-vasculaires destinés à former des feuilles, se sont tantôt soudés et tantôt disjoints deux à deux, et parfois se sont trifurqués. C'est ainsi que nous avons trouvé, soit des graines germées, soit des plants adultes dont les verticilles foliaires sont composés les uns de trois feuilles, les autres de quatre, avec leur alternance symétrique, et d'autrefois un verticille de trois feuilles ou de quatre, précédé ou suivi d'autres verticilles de deux feuilles, selon le type régulier, du moins le plus habituel. Nous sommes donc amené à conclure que la troisième hypothèse, celle d'une chorise, peut le mieux mais incomplétement expliquer les diverses anomalies constatées par nous sur l'érable sycomore : incomplétement, disons-nous, car la chorise ne saurait faire comprendre pourquoi un bourgeon donne naissance à une tige à trois feuilles, tandis qu'un autre bourgeon né sur la même tige se développe par verticille de quatre feuilles, et nous sommes finalement conduits à voir dans ces anomalies, une véritable hypergenèse dans le sens que nous avons plus haut attaché à ce mot.

Un fait n'a par lui-même aucune signification, sa valeur ressort uniquement de son interprétation rationelle; c'est pourquoi en terminant, nous dirons que si les partisans de la variabilité de l'espèce, sont coupables aux yeux de certains esprits, notre Mémoire, malgré son insuffisance, peut être invoqué par eux comme un témoignage à décharge.

EXPLICATION DES PLANCHES.

Planche I.

FIGURE 1. Samare double et normale.
— II. Coupe de l'ovaire montrant les deux ovules de chaque carpelle.
— III. Samare triple.
— IV. Coupe de l'ovaire triple montrant les six graines.
— V. Samare quadruple.
— VI. Coupe de cette samare montrant les huit graines.
— VII. Graine germée et normale.
— VIII. Autre graine offrant un cotylédon qui se divise en deux.
— IX. Graine germée à trois cotylédons distincts.
— X. Graine à deux cotylédons bifurqués.
— XI. Graine à quatre cotylédons distincts.
— XII. Graine à deux cotylédons, mais à verticille terné.
— XIII. Autre graine à trois cotylédons et à verticille terné.
— XIV. Graine à quatre cotylédons et à verticille quaterné.

Planche II.

FIGURE I. Tige de deux ans, à verticilles ternés (même semis).
— II. Tige de deux ans, à verticilles quaternés (même semis).
— III. Deux branches adventives sur un tronc étêté : l'une à feuilles opposées, l'autre à feuilles ternées.

Toulouse, Impr. Louis et Jean-Matthieu Douladoure, rue Saint-Rome, 39.

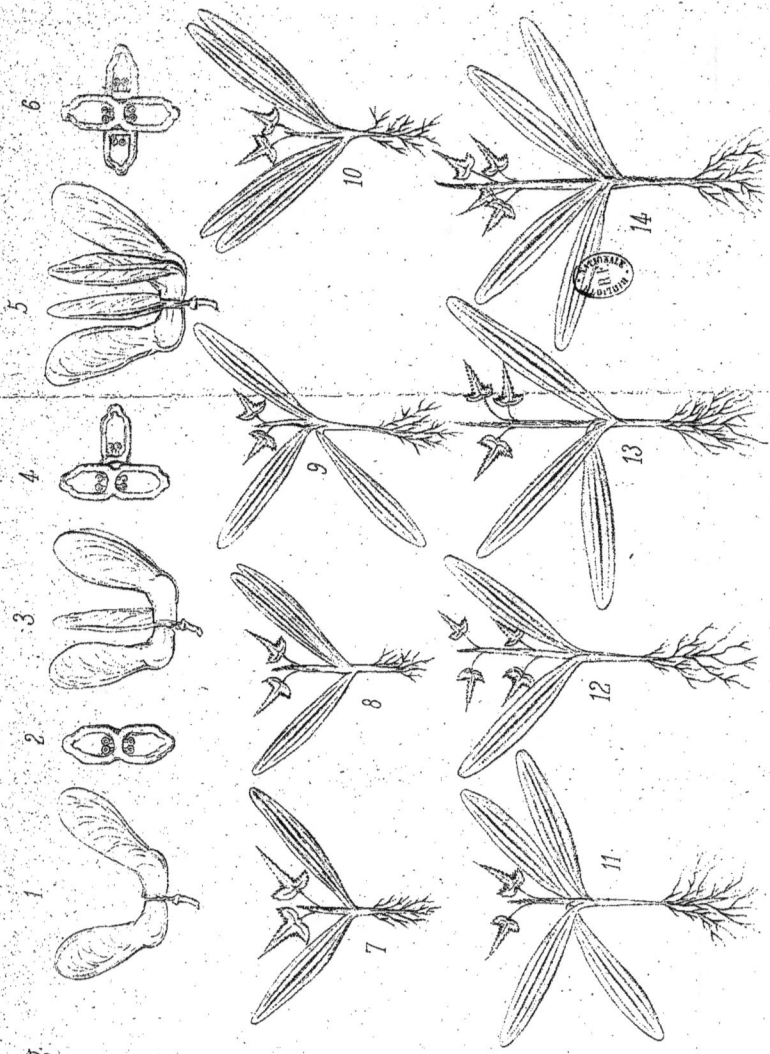

Fig. 1. 2. 3. 4. 5. 6.

7. 8. 9. 10.

11. 12. 13. 14.

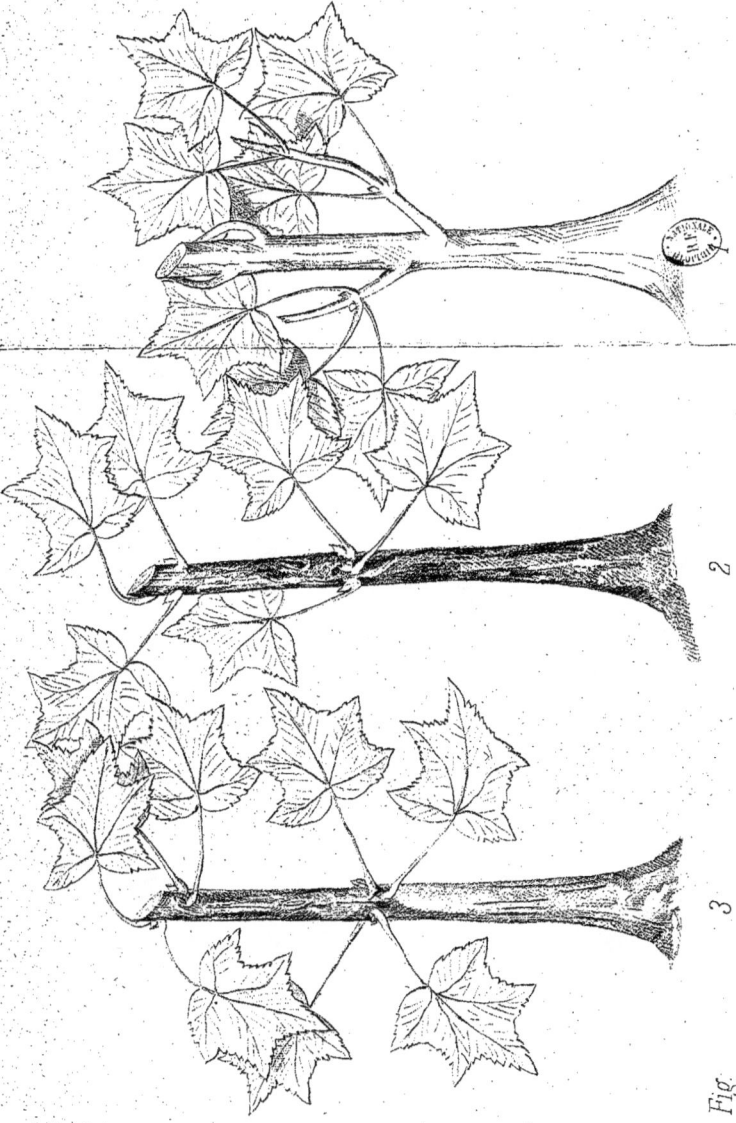

Fig. 3   2   1

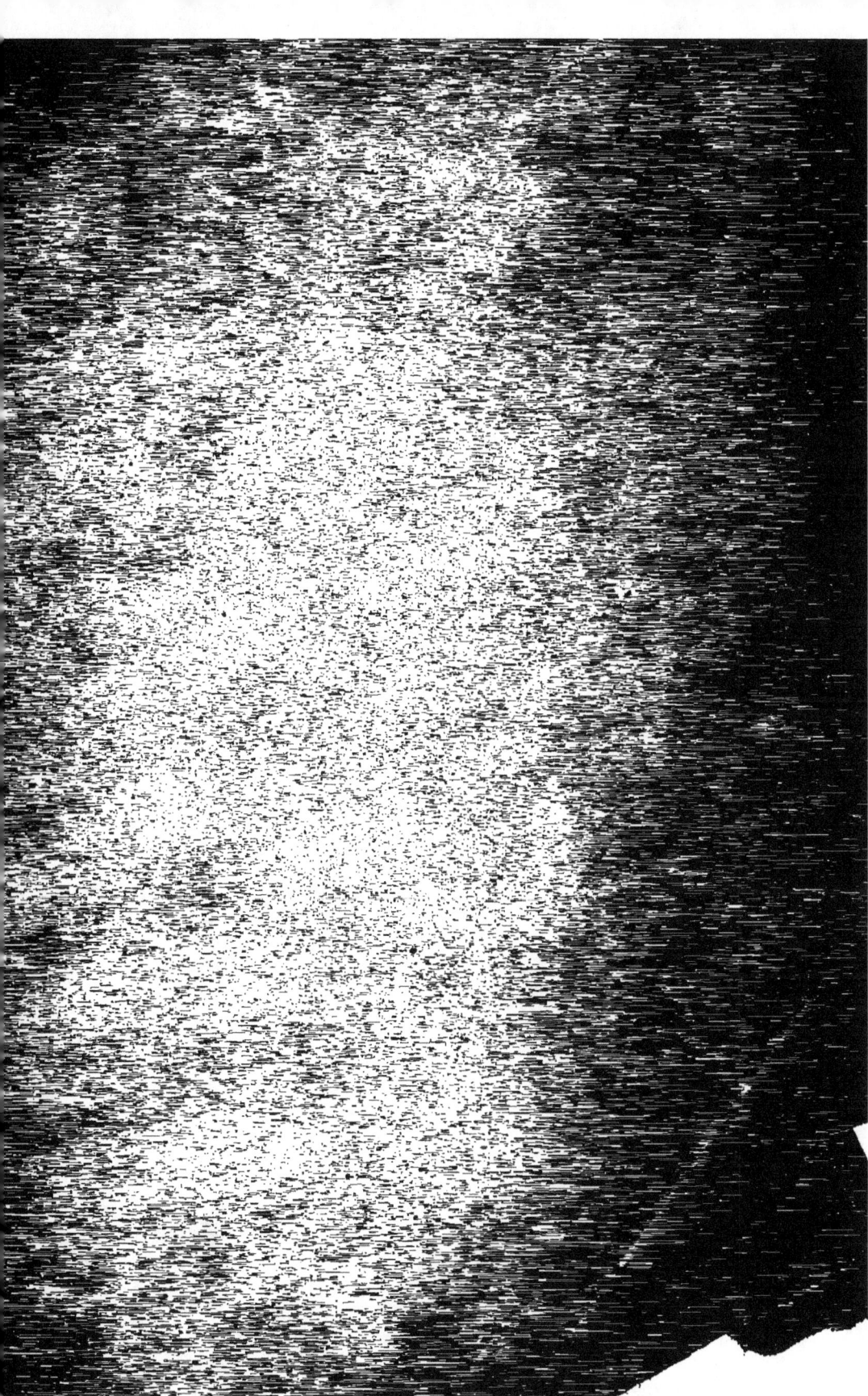